绵羊毛
分级整理技术手册

田可川　主编

U0294102

中国农业出版社

北　京

图书在版编目（CIP）数据

绵羊毛分级整理技术手册 ／ 田可川主编． —北京：
中国农业出版社，2019.11
ISBN 978-7-109-24183-1

Ⅰ．①绵…　Ⅱ．①田…　Ⅲ．①绵羊-羊毛-分级管理
-技术手册　Ⅳ．① TS102.3-62

中国版本图书馆 CIP 数据核字（2018）第 118277 号

中国农业出版社出版
地址：北京市朝阳区麦子店街 18 号楼
邮编：100125
责任编辑：刘　玮
版式设计：王　晨　责任校对：吴丽婷　责任印制：王　宏
印刷：中农印务有限公司
版次：2019 年 11 月第 1 版
印次：2019 年 11 月北京第 1 次印刷
发行：新华书店北京发行所
开本：700mm×1000mm　1/16
印张：3.5
字数：180 千字
定价：60.00 元

本书编者名单

主　编：田可川

副主编：茅建新　　付雪峰

参　编（按姓氏笔画排序）：

　　　　毛晓敏　　石　刚　　吴伟伟　　吴翠玲

　　　　狄　江　　阿米妮古丽·阿不来孜

　　　　苟锡勋　　赵文生　　赵冰茹　　胡向荣

　　　　哈尼克孜·吐拉甫　　徐新明　　黄锡霞

　　　　程黎明

前言

　　中国绵羊毛产量仅次于世界第一产毛大国澳大利亚，位居世界第二，但作为工业用毛尤其作为毛纺工业可加工的精纺、粗纺用绵羊毛的实际产量所占比例仍然很小。其主要原因，除了受绵羊品种、饲养规模和自然环境的影响外，与我国目前的绵羊饲养管理及羊毛后整理水平有直接的关系。

　　2008年，国家绒毛用羊产业技术建设正式启动，我国建立起了绵羊毛从研发到市场、生产加工到纺织流通各个环节的紧密衔接。由于我国地域特点，绵羊毛生产企业和生产者经营分散，绵羊毛后整理的分级鉴定操作尚未形成一个统一的规范。本手册作为羊毛后整理分级员操作规程，重点对羊毛后整理的操作从技术方面提出建议。希望羊毛分级员通过使用这些操作方法，使国产绵羊毛真正体现出天然纤维的优质特性，提升羊毛品质与使用价值，增加牧民收入与生产加工企业的效益。

　　本手册参照国际主要羊毛生产国规范操作流程，结合中国国产绵羊毛产业特点进行编撰，使其符合我国绵羊毛产业发展，且更具操作性。同时，本书为便于新疆地区使用，采用中文、维吾尔文双语撰写。

目录

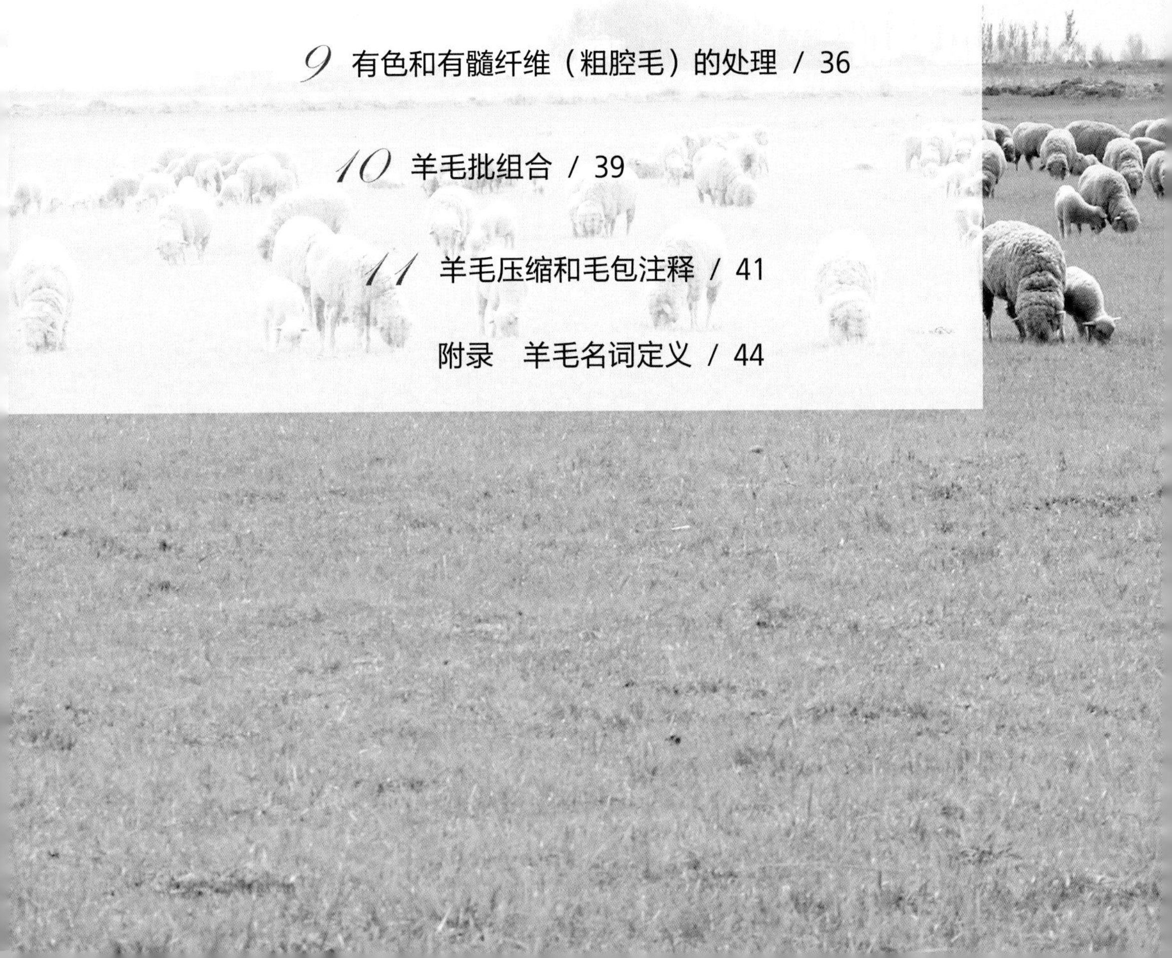

1 羊毛分级目标

　　《绵羊毛分级整理技术手册》（以下简称"手册"）的目标在于帮助羊毛分级员采取正确的方法对绵羊毛进行剪毛后的整理，旨在真实地反映出羊毛纤维特性，使其满足羊毛生产加工企业的不同需要，并使产品在纺织品市场中销售时实现其最大价值。

　　分级员在分级操作时，要达到对绵羊毛正确的分级，可以按照手册中制定的分级方法，客观地遵循首要质量原则，通过认真规范地操作来实现，这也是支撑毛纺企业对绵羊毛品质信心的保障。

　　这些工作细节包括：

　　（1）确定羊毛分级目标；

　　（2）按照制定的分级标准和方法进行分级；

　　（3）保证分级的羊毛无污染；

　　（4）分级后的羊毛产品按照等级进行包装；

　　（5）对毛包进行正确的标记；

　　（6）正确记录整个毛批。

　　为了使羊毛分级员能够更好地履行好上述原则，在羊毛分级工作之前，羊毛分级员必须经过培训并掌握羊毛品质、分级标准等相关技术知识。

　　在通常情况下，羊毛价值是通过"优毛优价"的市场交易原则来实现的，因此，羊毛分级必须按照羊毛市场统一质量标准和毛纺企业的加工需求进行，

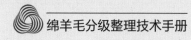

实行统一的质量标准既可以提升羊毛出售价格，也可提高羊毛在羊毛市场的竞争力。

在羊毛后整理及分级工作期间，完成分级任务需要各方面工作人员的共同协助。除了羊毛分级员必须熟悉手册中知识外，羊毛生产企业管理者、牧场经营者、牧民、销售员、剪毛手、打包员、仓库管理员等相关人员也应该了解手册中的相关技术和各项要求，这样才能准确、高效地开展分级工作。

羊毛分级员应根据产业链的要求考虑质量。

羊毛分级员所面对的是不同的买家和相关机构，包括羊毛加工企业、贸易商、经纪人以及检测机构，所有这些客户都有一个共同的要求：没有意料之外的物质。

2 羊毛分级的环境与基础设施

2.1 场地选择

剪毛分级场地应选择在地势较高、交通便利的地方，仓库出口设有大型车辆的进出通道，便于分级整理后毛包的运输。剪毛分级车间还应配套可用于待剪羊群集中的圈舍或运动场，方便剪毛前后与分级时绵羊的集中管理。

剪毛场地

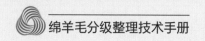

2.2　剪毛与分级的基础设施要求

2.2.1　剪毛与分级车间基本条件

宽敞、明亮、通风透气，房间室内高度不低于3米，各工作区域划分明晰。

2.2.2　通风透光

场所门窗要有一定的空间面积，便于工作场所空气流通，采光面积要满足分级员能依靠自然光线正常工作。

2.2.3　工作间场地

一般使用混凝土地面，有条件的可以使用木质地板或砖地。受条件限制的，也可以在平整后的地面上使用牢固耐用的油布铺地。严禁使用聚乙烯或聚丙烯织物铺地，或者直接在尘土地上剪毛。

2.2.4　功能区域划分

待剪和剪毕区域：设定待剪羊圈舍，一般根据本区域绵羊养殖特点，按照每一牧户平均250 ~ 300只羊为一群的空间面积划定，圈舍内要求场地保持干燥，不能使用带任何异型纤维的工具或用品，如尼龙袋、尼龙绳、打包带等。有条件的可以再设剪毕羊圈栏，便于对剪毛后绵羊的集中管理。

剪毛工作区：根据剪毛工及剪毛机台数，设立剪毛台，剪毛台一般高出地面20厘米，用木质地板铺设，也可以用砖地或混凝土浇注台面。

羊毛分级区：是剪毛后放置工作台进行羊毛分级的区域，首先要选择自然光线最适宜的地点，然后再考虑要与剪毛台、打包机相邻，以便于操作。分级台根据剪毛机台数配备，一般8 ~ 10台剪毛机设一个分级站，分级台台面尺寸2.5米×1.5米，台高0.8米，台面设计为栅栏形，缝隙间距1.5 ~ 2厘米，台面可设计为长方形、椭圆形，台面尺寸的设计应可以铺开剪毛后的整个羊毛套。

羊毛堆放区：分拣后的羊毛按照分级后羊毛的品质分别堆放在正身套毛堆放区和除边毛堆放区。

在正身套毛堆放区内可按照所剪羊毛的主体等级再划分区域，这里以66支原毛为例，分拣后正身套毛可以按照70支、66支、64支分三个区域。除边毛堆放区内则可以分为下脚毛、头腿尾毛、边肷毛、残疵毛、标记毛等区域。

分拣后正身套毛70支、66支、64支三个区域

分拣除边分类毛区：分拣除边分类毛主要有下脚毛、头腿尾毛、边肷毛、残疵毛及标记毛。羊毛分级整理时应将这类毛剔除。

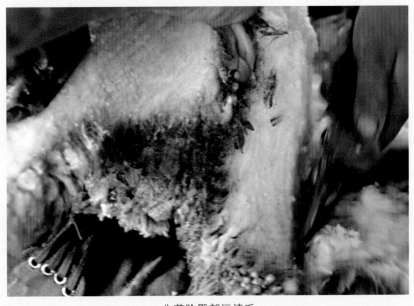

先剪除臀部污渍毛

剪除头部毛

剪除四肢短毛

除边后的边肷毛

分拣后落地的下脚毛

除边毛

羊毛打包区：用于放置羊毛打包机和进行打包、刷唛、称重、填写批次码单的区域，通常靠近羊毛分类堆放区。

原毛储存区：对打包后羊毛进行分类堆放的区域，条件要求干燥、通风。

辅助工作间：磨刀处、机器配件仓库和包存放装耗材、标记涂料、磅秤等物品库房。

3 剪毛前场地、工具和人员的准备

剪羊毛之前，对剪毛分级车间和圈舍进行清扫，提供干净的剪毛、羊毛分级和打包环境。仔细清除所有潜在的污染物（例如，消除在栅栏上的有色和有髓纤维、异型纤维）。确保剪毛过程使用的周转袋或框属于无异型纤维材料。对所有设施做一次检查，如磨刀机、分级台、羊毛打包机、秤、剪毛台和剪毛机、供电装置等。

提前查询当地的气候变化情况，尽量避免在雨天、雾天和沙尘天开展剪毛工作，以确保所有工作区域有充足的光线。

提供充足和干净的生活场所（如厕所、清洗和吃饭区域）。车间内严禁吸烟、饮酒，应在剪毛车间外设立吸烟区、垃圾桶。不要将饮料瓶、衣物、绳子、香烟、工具和抹布等物品随意放在剪毛棚附近。

提供铁铲、扫帚或清扫机收集散落在剪毛台上的羊毛。如果使用扫帚，要保证其状况良好，没有松动或化学合成的物质。保证有充足的污染物放置容器、羊毛包装袋、剪羊所需工具和其他必备物品。不用聚乙烯包装袋（如肥料包装袋）或高密度聚乙烯（HDPE）羊毛包装袋放置零碎物品等，应备有纸盒或硬塑料桶以备此用。

在我国不少牧区，牧工经常将饲料打包线绳（聚乙烯材质）制作成用于拴门、拉车、拴羊的绳索，这种线绳是毛纺加工中的大敌。因此，应保证这些材料绝不出现在剪毛车间或剪毛棚附近，以免意外带入羊毛加工区域。

犬毛也是一大污染物，因此，不允许有犬在羊毛准备区域和羊毛桶附近活动。

在剪毛之前，可以制订一份剪毛前工作检查清单，对剪毛车间进行一次详尽的检查，作为检查工作的必要程序。

3.1 剪毛前待剪羊群的预处理

3.1.1 剪毛前3个月，剪除待剪羊的臀部和阉羊、公羊阴茎部位的羊毛，以减少粪尿的污染。

3.1.2 待剪羊在剪毛的前一天晚上不进食，确保空腹剪毛，减少粪尿污染羊毛，保证工作场所干净。

3.1.3 为提高羊毛分级的效率，可根据饲养管理条件和被毛品质对被剪羊进行分群。如多品种混养的羊群可以提前进行分群，把同品质的羊进行合群，保证羊毛品质的同质性。

3.2 羊毛分级员的角色

羊毛分级员是羊毛生产企业重要的技术人员之一，也是本手册的具体实施者，在分级过程中要求保持客观、公平、公正的工作态度。因此，分级员不但要熟悉羊毛分级技术的全部内容，而且还要具有很多技能和知识，如对羊毛结构和特性的了解、对本地区绵羊饲养管理水平的了解、羊毛市场需求信息的了解、毛纺加工工艺的了解，等等。

做好一个合格的羊毛分级员，在实际的分级工作中，应当履行以下原则：

——客观、公平、公正的原则；

——坚持按标准操作的原则。

3.3 羊毛操作组的管理

在剪羊毛工作前期，羊毛分级员应熟悉剪毛手、打包员等工作人员的经验和能力，为实现整个剪毛车间工作成效的最佳化，可以根据各项环节工作量的大小适当地调整工作人员分工，合理分配技术力量。

当出现对羊毛分级结果有争议的情况时，羊毛分级员有义务向其他工作人员解释和说明分级的依据，并以身作则。

为了保证整个分级流程的工作质量，工作中分级员的检查是必不可少的程序。我们建议羊毛分级员和羊毛操作人员在每一阶段羊毛分级过程中或之后，对已经分级羊毛的统一性进行检查，包括套毛、碎片毛、腹部毛、地脚毛、污溃毛和次等羊毛。以便随时准备对工作再分配或羊毛分级不当时做出改变。

切记：团队精神是保证一个工作场所有效运作的关键，分级员是牧场不可缺失的技术管理人员。

3.4 羊毛生产商的角色

以下几点，是羊毛生产者与经营者能够大力有效地协助羊毛分级员，羊毛分级和剪毛者实现此操作手册中主张标准的关键。采用这些原则将会帮助确保羊毛批的准备符合加工企业的要求，并提高羊毛销售时的竞争力。

3.4.1 消除污染风险（羊群管理）

3.4.1.1 粪便污染

通过防污染、去除污渍可以减少羊毛整理的工作量，在剪毛前检查每一个羊群的粪便污渍情况，统一去除待剪羊臀部毛，阉羊和公羊阴茎部位的羊毛。

确保绵羊在进入剪羊棚前排泄干净，以减少羊毛上留下的污渍和确保剪毛棚内干燥无污染。

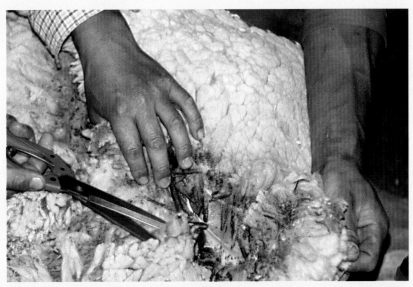

经过防污染处理的绵羊毛带有较少的粪污污染，其有色纤维污染风险也偏低

3.4.1.2 有色（黑色和棕色）纤维污染

任何带有或可能带有有色纤维的羊都要（在白色羊毛羊之后）最后剪毛。注意：美利奴羊面积最小的有色纤维多为棕／褐色，而非黑色。

绵羊毛的有色（黑色和棕色）纤维

将有黑色和棕色斑点的羊从白色羊中分出来，安排在最后剪毛。

在剪毛过程中，确认并挑拣出任何带有有色纤维羊毛，黑色羊皮或带有黑色斑点的羊皮的羊。要求剪毛工人和／或羊毛整理人员在剪毛台上挑拣出这些羊。

如果发现有色纤维（如黑色／棕色羊毛）的存在，必须准备一个容器将带有这样纤维的整个套毛分开放置。

带有黑色／棕色斑点的套毛有更高的风险，其纤维中夹带其他不容易看见的有色斑点或纤维。

我们建议，在剪白色羊毛过程中发现有色纤维（黑色或棕色纤维）时的操作方法为：挑选出所有可见有色纤维并丢入垃圾桶中。将该羊剩下的整个套毛、腹部毛和下脚毛从剪毛台上直接放入一个容器内，然后直接放入一个清楚标有黑色羊毛专用的羊毛袋中。这样可以降低有色纤维污染风险，并防止以后由于疏忽将其混合入主流羊毛中的风险。

3.5　羊毛标记物

3.5.1　羊毛标记物及使用原则

为了便于畜牧生产的管理，需要对绵羊进行标记（例如，标记配种的时间批次、与临近的羊群进行区分等）。但是，使用非标准可洗涤涂料或未按标准操作进行标记，会造成这些羊毛标记物质或多或少地残留在羊毛纤维中，但对于毛纺加工企业而言，这些物质仍然会影响毛条的色泽，从而限制地了毛条的最终用途。

因此，建议使用适当的标记工具（不得使用棍子）将可洗涤的标准涂料涂抹在羊头部或背部，且涂料涂抹的面积要控制在近距离目测清楚即可，应尽量防止过多地使用喷剂、标记液体和涂料。

不能使用油漆、沥青、油墨、废机油等作为标记涂料。

如果必须使用液体标记物或喷剂进行标记，应确保所使用的标记物是可洗净产品并按照生产商使用说明正确使用。

绝不能使用有机溶剂（如汽油、柴油或废机油）稀释标记液体，因为这些溶剂会永久性地污染羊毛。

3.5.2　羊毛标记物的去除方法

为什么要从羊毛上去除所有标记液体和其他标记物质？

加工企业的反馈意见和小规模试验表明，不是所有的标记物质都可以被洗净（尤其是使用标记物时未按照生产商使用说明书的）。这些未洗净的物质会影响毛条的色泽，并限制羊毛应有的最终用途。

因此，在分级工作时应首先将套毛中有色部分进行剔除，划分入标记物等级羊毛中。如标记物过于浓厚，也可在开剪前将色标段剪除。

尽量减少标记涂料污染并挑拣出所有带有标记涂料的羊毛

4 剪毛工序

4.1 羊群的准备

为了降低有色和有髓纤维造成的污染风险，应首先对污染程度较小的羊进行剪毛。

通常情况下，在品种较多的绵羊群体中，剪毛应按照以下次序：

第一，有色或有髓纤维污染含量最小的白色绵羊品种（例如，苏博美利奴羊、中国美利奴羊、新吉细毛羊等）；

第二，与有色的、部分有色的或是有髓毛的羊为父本开展经济杂交的白羊毛羊群（例如，与萨福克绵羊品种进行经济杂交的中国美利奴羊群）；

第三，由于发现有色或有髓纤维剪毛前已经被分选出并被标记物质标示的白色羊毛羊群；

第四，与有色或有髓纤维的绵羊品种杂交的后代，或与有色或有髓纤维的绵羊品种共同放养的白羊毛羊群（包括落毛羊种）。

第五，明显带有有色或有髓羊毛的绵羊，如带有黑色斑点的杂交羊，黑色羊。

第六，地毯毛绵羊品种的羊群；

第七，落毛羊品种或其杂交绵羊群体。

羊群准备

在单一绵羊品种中（如苏博美利奴羊），剪羊毛的优先次序为：成年母羊群（从最年轻的成年羊群到最老的成年羊群），种公羊群，阉羊群（从最年轻的成年羊群到最老的成年羊群），年老的次等羊毛羊群，最后是断奶羊群。

这样安排的目的，就是要把待剪的羊群按羊毛品质及特征进行归类剪毛，从而提高羊毛在等级、尺寸上的同一性，减小羊群反复的切换或变化对羊毛分级整理的影响。

剪毛前将羊群置于待剪圈舍，并停留1～2个小时让待剪羊有时间排泄干净，并镇定下来，这样做可以减少圈内污染。

在我国不少牧区，由于羊群管理模式和散养放牧等原因，不同的绵羊品种、品系、性别或年龄的羊经常混合饲养管理，羊群中不同个体的羊毛特征差别很大，因此，建议将此"混合羊群"在剪毛前按照羊毛无色、部分有色、有色划分成小羊群，方便剪毛和分级人员的工作。

4.2 剪毛分级工作流程

4.2.1 预处理

①首先将待剪羊进行绑定并放置在防尘油布上。

待剪羊进行绑定并放置在防尘油布上

②剪去粪污毛、标记毛、头部毛、腿部毛。

剪去粪污毛、标记毛、头部毛、腿部毛

③剪去腹部毛。

剪去腹部毛

④开始剪毛。

开始剪毛

4.2.2 除边与分级

①除边。

将剪好的套毛平铺在分级台上，首先去除套毛周边与正身毛在长度、细度、弯曲上有明显差异的羊毛。

除　边

②分级。

按照羊毛分级标准进行分级。

分　级

③打包。

打　包

④缝包。

缝 包

⑤称重。

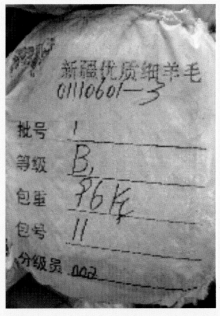

称 重

⑥填写唛头数据。

填写唛头数据

⑦仓储。

仓　储

4.3　羊毛整理工作团队的管理

　　羊毛分级整理是绵羊生产中一项很重要的工作，团队中每一个工作人员表现的好坏，都会直接影响羊毛分级的质量，因此，羊毛经营企业应精心挑选和分配工作人员，甚至包括对临时工作人员的挑选。

　　为确保羊毛分级整理工作能够按照此操作手册标准进行，必须要有一批经过相关技术培训的技术人员（多数为当地畜牧兽医改良站的专业人员），对经验不足的工作人员提供剪毛分级前的技术培训。

　　为提高羊毛分级的效率，在管理上可以建立一套奖罚机制，使剪毛、羊毛分级、整理等工作人员的工作量与羊毛分级质量直接与绩效挂勾。

羊毛整理

5 套毛分类

目前，在我国毛纺加工行业中使用的羊毛一般分为三种类型：精纺用毛、粗纺用毛、地毯用毛。现在一般概念的羊毛分级主要适用于精纺用毛。例如，本手册所制定羊毛分级标准的对象也是精纺用毛。精纺用毛通常是指无色、细度58支以上、长度>5厘米，无有髓毛（腔毛），品质一致的羊毛。

5.1 主体套毛

套毛（fleece wool）：是指从活羊身上取得的，毛丛间相互连接、呈紧密网状的羊毛。

一个牧场羊群的主体细度确定后，也就确立了本批羊毛的主体细度。一个羊群的部分个体细度在主体细度的上下跨越一个支数等级都属于正常的范围，不影响对主体套毛的定义。例如，某个羊群主体羊毛细度是66支，整体羊群的羊毛细度就会出现部分的64支、70支。

在对羊群进行组批归类时，可以根据实际情况而定。如出现了跨越支数的羊且数量在允许范围内可以不进行单独组批，如跨越支数的羊的数量占主体羊群比例较大，则必须单独组批。

5.2 套毛分类

套毛分类，通常是在羊群的主体细度和长度确定的前提下，对套毛中细

度、长度、色泽和毛丛结构等指标综合评判，将套毛划分为标准套毛、次等套毛、劣质套毛。

在这里，我们以主体细度为66支、长度为5厘米的标准举例进行说明：

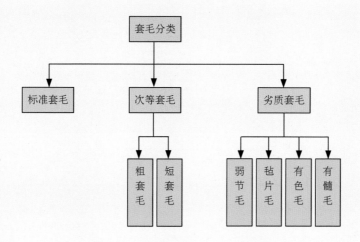

（1）标准套毛：主体套毛的细度、长度、色泽和毛丛结构等指标都符合所设定的标准。

（2）粗套毛：主体套毛整理中，整个毛套羊毛偏粗，出现跨越两个支数以上细度的羊毛，必须剔除。如主体66支细度套毛中出现60支套毛，就必须剔除，划为次等级。

（3）短套毛：整个毛套明显偏短，低于5厘米，整个毛套必须剔除，划为次等级。

（4）弱节毛：在整个毛套纤维长度的1/3处出现明显的弱节，影响强度，整个毛套必须剔除，划为劣质等级。

（5）毡片毛：套毛中出现结块的毛毡，结块程度在中度以上的必须剔除。评判结块的方法是：用手能撕开结块毛丛的为轻度，反之为中度或重度，划为劣质等级。

（6）有色毛或有髓毛：在分级中，通过目测就能发现套毛中含有有色、异型纤维或有髓毛，必须剔除，划为劣质等级。

6 羊毛分级整理质量控制

6.1 羊毛综合品质的主要参数

6.1.1 细度

羊毛细度是指羊毛纤维的直径，对羊毛细度进行分级评定时，主要通过主观目测与手感相结合，细度与绵羊品种、年龄、性别、部位、营养及饲养管理有关。目测是通过视觉对比，依经验积累评定；手感是通过手摸体验羊毛柔软程度评定。

6.1.2 长度

羊毛纤维长度是指从羊身上剪下的毛丛自然长度。长度计算是指毛丛在自然卷曲常态下，毛丛根端到毛尖的直线距离。分级员对毛丛长度的评定，一般可以借助带有刻度的直尺进行测量。评定方法：分级员利用双掌自然分开所测部位的毛丛后，右手将直尺带有"0"刻度的一端放置毛丛根部，左手辅助使毛丛自然闭合，同时保持直尺与毛丛生长方向平行并读取毛尖部位直尺的刻度，测量毛丛长度。

6.1.3 净毛率

净毛率是指经过洗涤烘干后的羊毛在公定回潮率条件下，重量占原毛重量的百分比。由于羊毛生产企业是以污毛（原毛）的形式进行出售或拍卖，而毛纺企业是按照净毛进行计价，通过净毛率就可以粗略计算出净毛的重量，这是羊毛生产企业与羊毛加工企业之间公平贸易的主要依据。分级员主要是通过主观目测来区分和评定净毛率，操作时可以通过除边、剔除粪蛋与严重污染毛、集中草刺等来提高净毛率。

6.2 疵点毛

疵点毛是指除边下来的头、腿、尾毛，以及绵羊因病理因素、自然条件造成羊毛性能减退变质的羊毛。此类羊毛的可纺性差，常见的疵点毛及影响有：

6.2.1 黑花毛、粗刚毛

含有黑花毛、粗刚毛的产品不易上色，不能生产浅色产品。粗刚毛手感差，制成的产品有皮肤刺痒感，产品档次低或易出次品。

6.2.2 弱节毛、老羊毛

在羊毛的生长中，由于病理因素、营养不良等原因，造成羊毛纤维中的某一部分直径明显变细，羊毛中弱节部分的强度降低，加工过程中容易断裂，毛条制成率低。

6.2.3 黄残毛、尿渍毛

黄残毛、尿渍毛由于光泽暗灰发黄，加工后毛条外观及其他物理指标受到影响，高档浅色产品不能使用，产品等级降底。

6.2.4 毡片毛

常规使用无法加工，特殊开松加工影响羊毛强度且羊毛利用率大大降低。

6.2.5 皮癣毛、异质毛、腔毛

混入细毛中，影响产品质量。

6.2.6 皮剪毛、标记毛、粪蛋毛

影响毛条的加工，容易损伤设备，污染正常产品，降低产品品质。

6.3 杂物

由于管理或自然环境影响而侵入羊毛中的杂质。

6.3.1 草杂

草杂一般分为两种，一种为自然环境造成的各类草杂，另一种是饲养管理造成的草杂。羊毛中的杂草影响羊毛制成率，影响产品质量。

6.3.2 丙纶丝等异型纤维

主要来自饲养环境污染，如饲料袋、编织绳、受孕羊标记扎带、挡风围栏、聚丙烯编织袋、聚乙烯编织布、麻纺布等，其次是包装羊毛时使用的异型纤维侵入。

羊背上的标记物污染羊毛

必须剔除的集中草刺

7 羊毛分级原则

此部分将阐述实现羊毛分级目标的原则。

7.1 统一性

依据本手册,羊毛分级的首要技术目标是要保持分级后羊毛的质量统一。严格地说,就是被归为同一等级的羊毛的品质特征应一致。按照同一等级归类的单一套毛或非套毛应来源于同一绵羊品种的羊毛组成,并且在年龄结构(羔羊、断奶羊和成年羊)、细度、毛丛长度、净毛率和强度等方面,甚至包括不可洗净颜色、结块和其他劣质特征都应一致。这些特征的技术数据和肉眼观察结果都应相同。

如果羊毛经销商和毛纺企业对分级标准和羊毛品种的统一性缺乏认同,那么,他们对羊毛及其加工后成品的期望值也会相应下降。如果同一等级的羊毛中参杂大量的其他等级的羊毛将增加羊毛经销商和毛纺企业的风险,也必然会影响销售价格。羊毛分级的统一性原则应普遍适用于羊毛的所有等级种类。

7.2 羊群组批

如果某一批羊群由单一品种构成,且个体及数量未发生较大变化,放养的环境、饲喂的条件和管理的模式也没有较大的差异,这一批羊群中整体的羊毛纤维直径（或细度）、毛丛长度、净毛率的差别一般较小，生产的套毛将具有相同的品质特征，这就形成了统一羊毛组批准备的基础。

对于同一组批的羊群，羊毛分级员需要注意并挑选出与组批羊群的主体等级品质明显不同的羊毛。

如果羊群是由不同品种、品系、年龄或性别（不符合羊群概念）的羊混合而成的，此时，羊毛分级员必须以品种、年龄（羔羊、断奶羊、成年羊）、纤维直径微米数（支数）、种类、洗净率、毛丛长度和强度、不可洗净颜色、结块和其他劣质特征的技术数据和目测统一性为标准进行羊毛分级。

7.3　年龄分别

来自不同年龄羊的羊毛区别如下：

羔羊毛：小于1岁或出生后从未剪过毛的幼龄羊所剪的羊毛。特征：幼龄羊被毛毛丛结构中有较为明显的毛尖。据调查表明，幼龄羊（小于1岁）被毛中的有色或有髓纤维（俗称粗毛）高于成年羊（2～8岁），见下表。

每千克毛条中有色纤维的平均数目与羊年龄的关系

羊毛种类 ＼ 年龄	≤1岁	1～2岁	≥2岁
套毛	205	55	23
碎片毛	251	91	57

注1：碎片毛含有更多的有色纤维是由于羊身上斑点周边有色纤维的密集。

注2：以上数据只包括实际有色纤维数量，任何其他的粪尿污染纤维将增加这些羊有色纤维污染羊毛的总体数量。

成年羊：周岁羊后的成年羊（俗称生产型母羊或阉羊）。特征：羊毛形态品质稳定。

老年羊：是指6岁龄以后的羊。特征：羊毛产量与羊毛品质开始下降，细度变细，长度偏短，油汗少，强力下降。

7.4　套毛除边

套毛除边的目的在于尽量使套毛质量整齐化。未按照操作手册的标准要求实行套毛除边或除边工作粗糙的羊毛（除了严重结块和黑色套毛外），都不能称为分级整理羊毛。

羊毛分级员在套毛除边时，小心谨慎、不过多取出套毛的同时，必须保证

每一幅套毛严格正确的边缘去毛。所有套毛（除了重度结块毛和黑色套毛外）都要求套毛除边。

套毛除边必须去除：

所有污渍和粪污；

短污毛和汗渍毛；

皮剪毛（剪毛时带下的皮）；

短边缘毛；

相对于套毛其他部分的成块或程度较重的草杂质（如带刺草籽）；

套毛和下颌部毛的结块部分；

染色的或腹部边缘毛；

臀部毛，硬刚毛，腿部毛；

尿渍毛；

严重污染，不可用和质弱的背部毛；

需要时，去除部分套毛（如有色，皮炎或有苍蝇产卵的部分）；

所有染有羊标记物，如涂料、油漆等的羊毛。

套毛除边的最佳操作方法：套毛除边时应灵活掌握，根据羊群的不同饲养管理条件、不同品质特征，除边的重点也不同，在确保所有劣质毛被去除的基础上，用手指而不是用手掌去除尽可能少的边缘毛。不要为套毛除边制订固定的比例，这会导致除边过度或未达质量标准。

从套毛边缘剔除的羊毛都有其最终用途，因此，不要将不同瑕疵的除边毛混在一起（例如，结块毛、尿黄粪污毛、皮剪毛，等等）。

注意，从套毛上剔除的有色或有髓纤维的边缘毛绝对不能与其他边缘毛放在一起，要单独成包，并在毛包上加以描述。从与改良羊种一同放牧的羊套毛上剪下的边缘毛绝对不能与其他边缘毛放在一起，对这些羊毛必须在毛包描述上加以说明。

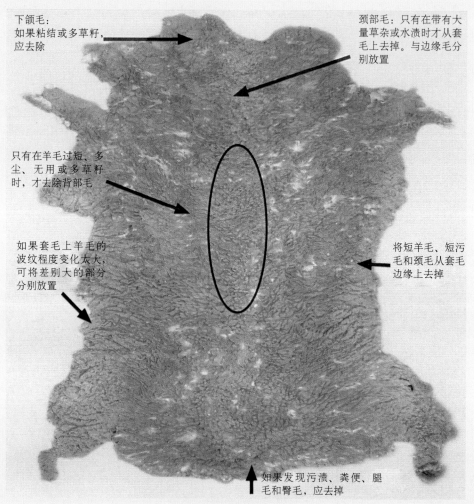

下颌毛：
如果粘结或多草籽，
应去除

颈部毛：只有在带有大
量草杂或水渍时才从套
毛上去掉。与边缘毛分
别放置

只有在羊毛过短、多
尘、无用或多草籽
时，才去除背部毛

如果套毛上羊毛的
波纹程度变化太大，
可将差别大的部分
分别放置

将短羊毛、短污
毛和颈毛从套毛
边缘上去掉

如果发现污渍、粪便、腿
毛和臀毛，应去掉

完整套毛除边各部位图解

（注意：要将所有污渍分别放置，去除羊皮碎片，将臀部毛分别放置并去掉所有的标记物）

8　羊毛的分级

8.1　羊毛分级

本手册分级标准不仅针对羊毛生产企业和经营者，也适用于细羊毛加工企业精梳用毛。等级描述在评定标准内容一致的情况下，以羊毛平均毛丛长度划分等级。

对满足此手册的每一套毛等级都必须进行正确的除边，使其无污染，并带有不超过3个支数不同羊毛。

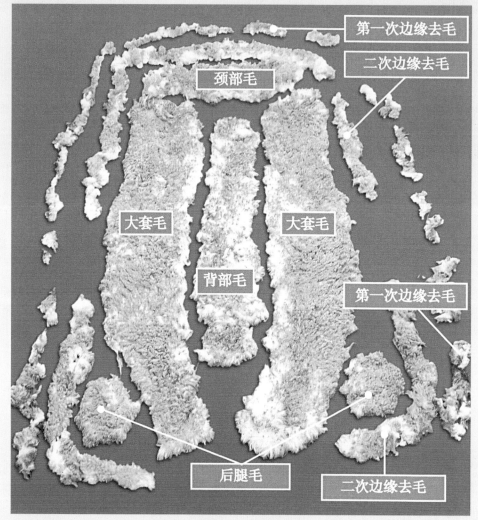

完整套毛各部分名称

8.2 羊毛分级标准

8.2.1 套毛分级标准

特优等套毛：除边后的套毛与羊群中主体羊毛品质特征一致，主观评定羊毛细度、长度、净毛率、白度（光泽）基本一致，羊毛平均毛丛长度≥75毫米，剔除了其中有明显不同的羊毛。

优等套毛：除边后的套毛与羊群中主体羊毛品质特征一致，主观评定羊毛

细度、长度、净毛率、白度（光泽）基本一致，羊毛平均毛丛长度<75毫米，
≥70毫米，剔除了其中有明显不同的羊毛。

次等套毛：除边后的套毛与羊群中主体羊毛品质特征一致，主观评定羊毛
细度、长度、净毛率、白度（光泽）基本一致，羊毛平均毛丛长度<50毫米，
≥65毫米，含有少量轻度污染的腹部毛、颈部毛、背部毛。

8.2.2 除边毛分级标准

下腭毛：从下颌部／上颈部位去除的、中度和／或重度结块碎片毛。通常
带有很多的草刺和草籽。不要与柔软的碎片毛混合。

腹部毛：腹部羊毛。将同一羊群的腹部毛放在一起整理，从该群的腹部羊
毛中挑出明显有色、长度较差的，以及带有粪污、污泥、重度不可洗净颜色、
带有水渍的腹部毛，并划分入合适的羊毛等级中。

胫部毛：绵羊头胫至下半部分腿部／踝部的短、质差和刚硬（有髓）的羊
毛。这些羊毛经常有结块、有色和／或带有重度的草杂质。最佳操作方法：由
于胫部毛带有有髓纤维，应与所有羊毛隔离单独放置。如果部分毛较长且粗刚
毛少，也可以放入边肷毛中。不得将胫部毛与精梳长度污渍毛、碎片毛或地脚
毛放在一起。

腿臀毛：从胯部、阴茎部位剪下的羊毛。在较长的腿臀毛中拣出污染较重
的污渍毛，可放入边肷毛中。

碎片毛：从套毛上通过边缘去毛拣出的短污毛、汗渍毛、结块毛、有色毛
和短的边缘毛。污渍必须去除。不同羊群相似特征的碎片毛应合并。结块毛、
污渍毛和羊皮碎片应分别放置在一起，最后同类合并打包。

地脚毛：二剪毛、短粪污碎毛和头部毛（从眼部／头部剪下的羊毛）。总
是确保长于50毫米的羊毛（桌子上的碎片毛和头部的长毛等）与短于50毫米
的羊毛分开放置。除非羊毛数量足够单独形成一个等级，否则将剪毛台和桌子
上的羊毛共同整理。

8.3 以下等级只有在必要时才使用

颈部毛：含有很多草杂或质量明显差于套毛其他部分的颈部毛必须被分
开，可放入边肷毛中。

背部毛：只有在与套毛其他部分相比有更多灰尘和更脆弱时才被去掉，可
放入边肷毛中。

8.4 细羊毛劣质等级分级标准（在羊毛中有明显瑕疵时使用劣质等级）

8.4.1 污渍毛

粪污（深色的）污染的羊毛。所有深色污染都必须从套毛羊毛中去除。带有污渍的套毛羊毛不符合此手册标准要求。

污渍毛需按其长度和污染物"种类"分开。较长和较短的羊毛不应混合在一起，例如，腿臀毛要与碎片毛、腹部毛等级的羊毛分开放置。

带有污渍污染的碎片毛、腹部毛、下脚毛或腿臀毛必须划入合适的羊毛等级。

带有血迹或污染的羊毛应被划分入相应长度和羊种的污渍毛等级中。羊皮碎片、烙印、有苍蝇产卵、死皮、有腐烂的套毛或黑色羊毛，不得被划入污渍毛等级中。

8.4.2 结块毛

只用于中等或严重结块的套毛，碎片毛或腹部毛。可归为残疵毛。

8.4.3 不可洗净的有色毛

带有中度／严重（密集程度）不可洗净颜色，如水渍或腐烂的套毛（细菌性皮炎）或淡黄色污渍毛。可归为残疵毛。

8.4.4 标记物（套毛）羊毛

任何含有标记物的套毛部分都要归入这个等级中。标记物质包括干燥的油漆、涂料、油墨。可归为标记毛。

8.4.5 皮炎（多块）羊毛

由真菌引起的皮炎影响的套毛和碎片毛。可归为残疵毛。

8.4.6 多弱节套毛

只用于明显脆裂或容易断裂的套毛。可归为残疵毛。

8.4.7 羊皮碎片皮剪毛

羊皮碎片、皮剪毛必须从套毛和其他等级羊毛中拣出并单独放置，因为在

精纺加工工艺流程中，羊皮碎片、皮剪毛会带来极大的麻烦和损害。可归为残疵毛。

8.4.8　皮板毛或死羊毛

从死亡羊身上剪下的羊毛。这种羊毛要单独装包。可归为边肷毛。

8.4.9　黑羊毛

由于品种的遗传因素产生的有色羊毛（如黑色、棕色纤维），都要单独存放。当在白色羊毛剪毛过程中发现有色羊毛时，所有有色纤维（黑色、棕色斑点）都应被去除。在剪毛台上，将整套套毛、腹部毛和碎片毛剪下后单独存放。可归为黑花毛。

9 有色和有髓纤维（粗腔毛）的处理

有色纤维是自然色素纤维和被粪尿污染纤维的统称。自然色素纤维是由基因决定的黑色、红色、褐色等有色纤维。被粪尿污染的纤维是由于羊毛与粪尿的长期接触造成的，接触的时间越长，颜色越深。

有髓纤维是一种中空的、由气体充满的粗糙纤维。硬刚毛就是一种较短的有髓纤维。

9.1 有色和有髓纤维的加工结果

随着毛纺产品结构档次的提高，如果羊毛中含有较多的有色和有髓纤维（粗腔毛），给产品带来的危害也越来越突出，直接影响了加工企业的效益，也进一步影响到羊毛生产者和经营者的羊毛销售价格。

深色纤维混在浅色或柔和色的织物中，严重影响了制品的视觉效果和手感，看起来就像是美玉中带有的瑕疵。浅色和柔和色织物用的原毛对深色纤维含量要求非常严格，每千克毛条中少于100根深色纤维。

有髓纤维由于它们的中空结构，在染色过程中不能像无髓纤维一样上色，在最终深色织物中显为"白色"纤维。因此，深色织物用途的原毛必须含有很少（每千克毛条中少于100根）甚至没有有髓纤维。

在进口羊毛中，每个毛包中含4根或者每吨原脂毛中10克有色（或有髓）纤维，就会造成劣质织物（每米含有3根不同纤维）。而我国国产羊毛中有色

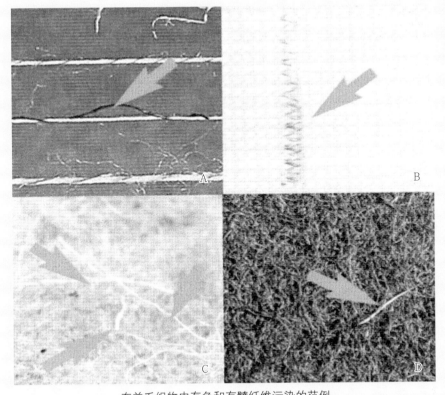

在羊毛织物中有色和有髓纤维污染的范例

A.在羊毛纱线中的深色纤维　B.存羊毛织物中的深色纤维
C.在原脂毛中的有髓纤维　D.在深色羊毛织物中的有髓纤维

和有髓纤维含量已严重超出这个范围，必须严格控制。

9.2　污渍羊毛的处理方法

在羊群剪毛前，必须事先将臀部排泄处集中污染的粪块、尿黄毛剪除。在第一轮剪毛时，羊毛分级员要向所有羊毛整理工作人员演示如何从腿臀毛和腹部毛中去除污渍。在分级工作中，羊毛分级员应确保污渍羊毛单独放置且标识清楚。

待剪羊上剪毛台后，先将四肢、头尾毛剪除（该部位除有污渍毛风险外，更大的风险在于这些部位的羊毛中含有有髓纤维），一定要在剪正身套毛前将这部分羊毛清除干净，单独集中包装，并标明"头腿尾毛"。

不要将带有标记物的羊毛和羊皮碎片归入污渍毛中。

对所有绵羊，在剪毛前3个月所做的防污染去毛可以极大地降低污渍的概率，但仍不能保证羊毛批是完全没有污渍的。因此，即使是已经做过防污染去毛的，也需要在剪毛前再一次检查污渍情况。

9.3 预防有色（黑色／棕色）和有髓纤维污染

预防有色（黑色／棕色）和有髓纤维的污染，应首先从源头抓起（不考虑品种改良因素），重点放在避免不同品种的羊群混群饲养上，如细毛羊品种以美利奴血统为主，在基础群中不能混入土种羊、未完成改良的杂交羊、山羊、绒山羊等。

在剪毛工作开始前，羊毛分级员必须向羊毛生产者和经营者咨询待剪羊群与其他羊种接触的情况，并与羊毛生产者、经营者商量羊群剪毛次序，以协助完成去除有色和有髓纤维的管理策略。

羊毛分级员必须确保剪毛过程中羊毛整理工作区域的清洁，除去所有非绵羊纤维，特别是塑料类异型纤维如编织袋、绳等。检查每一等级羊毛和不同羊群分离的正确操作。

羊毛分级员应检查非绵羊纤维（山羊毛、犬毛、马毛、骆驼毛、牦牛毛等）。任何含有这些污染物的羊毛必须从羊毛批中分别开来，清楚标示。

羊毛分级员应确保羊毛整理工作人员（和剪毛员）能够分辨出并正确操作防止有色和有髓纤维的污染，包括整理黑羊毛的步骤。在剪毛前必须准备好一个容器或羊毛桶，以供放置黑色羊毛。

有色（黑色／棕色）羊毛必须与纯种羊毛分开放置。

特别警示：

绝对不要把放置过有色羊毛、山羊绒、土种毛、改良毛等的羊毛包装袋用于纯种细羊毛的打包；

在细毛羊群开剪前，要认真清扫剪毛棚，严禁同一场地同时作业不同品种的羊，如绒山羊抓绒、剪绒，土种羊、杂交羊剪毛，不同品质羊毛打包等操作；

发现混群饲养中偶尔出现改良毛羊种时，也一定要严格执行剪毛操作程序，如介于细毛羊和改良毛羊之间，一定要将全套毛放于改良毛中单独存放；

不允许犬在羊毛整理工作区域徘徊或睡觉。

10　羊毛批组合

10.1　最佳羊毛批组合

为确保羊毛批组合最优化，羊毛分级员应小心地把品质特性相似的羊毛放在一起，分出明显与羊毛主体特征不同的羊毛。不要将同一羊毛批过分细化。指导性数字为：羊毛生产企业以羊毛细度进行组批。建议主体细度相邻支数不足10%的不单独组批；超细羊毛70支以上不足500千克也不建议单独组批；相邻支数跨越主体细度2个支数等级的建议单独成包，并在毛包上加以描述。

以上组批原则适用于：以一个牧场或牧户为基本销售结算单位。规模产量达到50吨原毛以上的羊毛生产企业或参加规范的羊毛拍卖交易的，可适度细化组批批次。

小规模羊毛生产者单独很难形成分级整理批，建议在同一地区同一羊种的羊毛生产者可以成立合作社进行合作组批销售，此项工作由羊毛生产专业合作社组织。

10.2　不同品种羊毛分级的组合

如果羊不同品种的毛呈现相似主观特征，自上次剪毛以来在相似放牧条件下放牧的羊群的羊毛可以被混合在一起。

建议羊毛分级员通过在同一羊群内不过分分级和将不同羊群的同等级羊毛

聚集在一起，最大化组合羊毛毛批。

从不同羊群产出的羊毛可以在上次剪毛测量数据的基础上合并。对于每一种测量的羊毛特征，必须符合羊毛组批准备标准的要求。

如果一群羊的放养环境、饲养条件和管理模式，与其他羊群差异甚大，应将这批羊毛作为不同种类单独分开，除非测量数据或以前的经验显示这样的差别不是很大。

由于羔羊和断奶羊与成年羊羊毛的品质不同（毛尖、长度、强度、有色和有髓纤维），这些差异会影响成年羊羊毛的销售价格和使用，因此，羔羊毛和断奶羊毛必须与成年羊套毛分开放置。

由于次等套毛、非套毛和劣质等级羊毛通常带有不同羊群的羊毛，有必要增加这些羊毛的组批规格。羊毛分级员应多加注意，特别是分级低等级羊毛时，避免羊毛品质特征的差距过大，造成毛批因多种品质特征被抛售。

含有由污渍和粪便造成的黑色羊毛纤维的羊毛，必须被从无污染的羊群羊毛中分拣出来，并且羊毛分级员在单独成包上必须详细说明。

11 羊毛压缩和毛包注释

11.1 羊毛包装

　　根据国家绵羊毛标准，所有原毛都必须进行压缩打包。为杜绝异型纤维，严禁使用低于150克／米²规格的聚乙烯包装布，建议使用120克／米²以上的涤纶或尼龙包装布。

　　羊毛分级人员要坚决杜绝使用二次回料加工的聚丙烯羊毛包装布或使用聚氯乙烯包装布。使用不同的包装布会对羊毛的销售价格带来影响。

羊毛包装

11.2 毛包重量和长度

最大允许毛重为150千克。毛重最轻应不轻于100千克。

由于受牧场条件限制，过重包装无法使用人工装卸，过轻包装又不利于运输体积计算，会增加运输成本。

牧场必须使用校验合格的磅秤，在称重毛包前，磅秤必须用标准砝码多次检测校准。

如实记录毛包重量，要客观公正、准确无误。

毛包长度决不可超过1.25米。

过长、过重或者不够重的毛包都会给运输单位（包型长度与运输车辆尺寸不匹配）、羊毛运作代理（如抽样、抽心和毛包的垒放）、羊毛装卸（装卸和集装箱装箱）带来不便和不必要的工序，并给羊毛生产者、经营者或其他与羊毛相关的部门增加成本。

11.3 受潮羊毛

不得压缩打包潮湿的羊毛。由于受潮羊毛打包后会在包装中升温造成变质、腐烂甚至自燃，因此，在打包前必须先干燥。

受潮羊毛应先干燥再打包

11.4 毛包缝合

包头缝合时，必须使用尼龙线缝合，不得使用聚乙烯结扎绳缝合。为防止包装布缝合口受拉力散丝，要求所有包装布裁剪使用热切割，对接口布料尽量折叠后缝合。

毛包缝合

11.5 毛包包头信息

正确的毛包包头应该包含以下信息：

（1）品名：表述原毛分级成批的内容，如套毛、边肷毛、标记毛、头蹄毛、疵点毛等。

（2）规格（等级）：表述原毛的主体细度内容，如70支、66支、64支、60支等。

（3）重量：表述打包后的重量。

（4）包号：表述该批羊毛打包后的包数，同一牧场不得出现重复包号。

（5）分级员：表述羊毛分级责任人。

（6）产地：表述该批羊毛生产地及牧场名称或品牌。

（7）日期：表述该批羊毛生产日期。

附录 羊毛名词定义

绵羊毛 sheep wool

简称羊毛，生长在绵羊身上的毛纤维。

超细羊毛 superfine wool

纤维平均直径在19.0微米及以下的同质毛。

细羊毛 fine wool

纤维平均直径在19.1 ~ 25.0微米的同质毛。

半细羊毛 medium fine wool

纤维平均直径在25.1 ~ 55.0微米的同质毛。

改良羊毛 improved wool

生长在改良过程中的杂交绵羊身上的、未达到同质的毛纤维。

土种羊毛 native wool

生长在未经改良、具有原始品种特征的绵羊身上的毛纤维。

套毛 fleece wool
从活羊身上取得的，毛丛间相互连接、呈紧密网状的羊毛。

含脂毛 greasy wool
未经过洗涤、溶剂脱脂、碳化或其他方法处理的羊毛。

品质支数 quality number
按羊毛纤维平均直径微米数所规定的相应细度表征指标。

粗腔毛 coarse wool
粗毛是指直径在52.5微米及以上的毛纤维。腔毛是指髓腔在500倍显微放大投影像中长度达25毫米及以上的毛纤维。

干死毛 kemp wool
横截面呈扁圆、马蹄形，毛髓发达，皮质层很薄或无的粗毛。纤维外观干枯，色泽呆白，脆弱易断，染色困难。

同质毛 homogeneous fleece
由同一类型毛纤维组成的羊毛。

基本同质毛 partial homogeneous fleece
在一个套毛上的各个毛丛，大部分为同质毛形态，少部分为异质毛形态。

异质毛 heterogeneous fleece
由不同类型毛纤维组成的羊毛。

两型毛 heterotypical wool
在同一根毛纤维上具有有髓毛和无髓毛两种纤维形态的羊毛。

边肷毛 skirting wool
从套毛周边除下的、与正身毛有明显差异的羊毛。

头腿尾毛　head Leg and tail wool

从绵羊身上剪下的头部、腿部、尾部的羊毛。

异型纤维　non-wool fibre

羊毛纤维中混入的其他纤维。

重剪毛　second cuts

剪毛时重复剪下的短羊毛。

疵点毛　faulty wool，defective wool

有缺陷的羊毛。包括标记毛、黄残毛、粪污毛、草刺毛、硬毡片毛、花毛、疥癣毛及弱节毛。

标记毛　stamped wool

在绵羊身上作标记的沾色羊毛，如染色的毛、沥青毛、油漆毛、废机油等有色污染毛。

黄残毛　canary stained wool

污染变黄且污染部分超过毛丛长度50%以上的羊毛。

粪污毛　dung stained wool，dag wool

被粪便严重污染的羊毛。

草刺毛　burry wool

羊毛中含植物性草杂密集区的羊毛。

毡片毛　heavy cotted wool

毛纤维结成毡片，撕扯后非单根纤维状，毛纤维强力严重下降。

花毛　coloured wool

毛纤维中夹有的异色羊毛。

疥癣毛　dermatitis and acariasis wool

从患有疥癣病的绵羊身上取得的羊毛，带有结痂或皮屑。

弱节毛　tender wool

因绵羊生长时营养不良或疾病等因素，导致纤维一部分直径明显变细、强力降低的羊毛。

洗净率　yield

羊毛洗净后的公定质量占含脂毛质量的百分数。

净毛率　clean wool content

羊毛经洗涤、去除杂质后的绝干质量，以公定回潮率和公定含油脂率修正后的质量占含脂毛质量的百分数。

批样　lot sample

从大宗散批、交易货批中扦取的羊毛样品。

子样　subsample

从批样中随机扦取的代表批样的样品。

毛基　wool base

不含任何杂质的羊毛绝干质量占子样质量的百分数。

植物性杂质基　vegetable matter base

不含灰分的乙醇萃取物的草刺等植物性杂质的绝干质量占子样质量的百分数。

试样　test specimen

从干燥的洗净子样中随机扦取用于测试的样品。

总碱不溶物　total alkali-insoluble matter

不含灰分的乙醇萃取物的所有碱不溶性物质，用占试样绝干质量的百分数表示。

乙醇萃取物　ethanol extractives

用乙醇作溶剂，经过萃取溶于乙醇的羊毛油脂等物质，用占试样绝干质量的百分数表示。

灰分　ash

试样在750℃ ±50℃加热灼烧灰化后的残余，用占试样绝干质量的百分数表示。

纤维直径　fibre diameter

羊毛纤维的粗细程度，用羊毛纤维直径微米数表示。

平均纤维直径　mean fibre diameter

羊毛纤维直径的平均值。

纤维直径变异系数　CV of mean fibre diameter

羊毛纤维直径大小变化的程度。

毛丛长度　staple length

一束羊毛纤维在自然卷曲状态下，梢端平均值至根端间的直线距离。

平均毛丛长度　mean staple length

羊毛纤维在自然卷曲状态下毛丛长度的算术平均值。

毛丛长度变异系数　CV of mean staple length

羊毛纤维在自然卷曲状态下的平均毛丛长度长短变化的程度。

《绵羊毛分级整理技术手册》
（维吾尔文版）